# BEI GRIN MACHT SICH IHR WISSEN BEZAHLT

- Wir veröffentlichen Ihre Hausarbeit,
  Bachelor- und Masterarbeit

- Ihr eigenes eBook und Buch -
  weltweit in allen wichtigen Shops

- Verdienen Sie an jedem Verkauf

## Jetzt bei www.GRIN.com hochladen und kostenlos publizieren

Christian Fischer

# Die Industrialisierung Südkoreas

GRIN Verlag

**Bibliografische Information der Deutschen Nationalbibliothek:**

Die Deutsche Bibliothek verzeichnet diese Publikation in der Deutschen National-
bibliografie; detaillierte bibliografische Daten sind im Internet über http://dnb.d-
nb.de/ abrufbar.

**Impressum:**

Copyright © 2001 GRIN Verlag GmbH
Druck und Bindung: Books on Demand GmbH, Norderstedt Germany
ISBN: 978-3-656-37968-3

**Dieses Buch bei GRIN:**

http://www.grin.com/de/e-book/4204/die-industrialisierung-suedkoreas

Sommersemester 2001
Exkursionsvorbereitungsseminar: Südkorea
Dozent: Prof. Dr. E. Dege
Referent: Christian Fischer                                    10.07.2001

# Entwicklung und räumliche Struktur
## der Industrie Südkoreas

Abb. 1 (© ESRI)

## 1. Einleitung

Südkorea ist heute eines der höchstentwickleten Länder dieser Erde. Wenn man bedenkt, das es vor knapp 50 Jahren eines der ärmsten Länder der Erde und ein vom Krieg zerstörtes Land war, ist diese Entwicklung höchst erstaunlich. Wie diese Entwicklung ablief, welche Vorrausetzungen für diese Entwicklung geschaffen wurden und welche regionale Verteilung stattfand, soll im folgenden beleuchtet werden.

Südkorea liegt im Süden der koreanischen Halbinsel. Es umfaßt eine Fläche von 98 480 km² (CIA- The World Factbook 2000) und hat eine Bevölkerung von 47,5 Mill. (FAZ, 23.11.2000, Stand 1999). Aufgrund seiner Lage zwischen dem ostasiatischen Festlandsblock und den westpazifischen Inselbögen liegt die koreanischen Halbinsel im Spannungsfeld auswärtiger Mächte. Vor allem die verschiedenen Herrscher Chinas und Japans haben mehrfach versuchet, ihre Herrschaft auf die koreanischen Halbinsel auszudehnen. (Chung 1974, S. 18).

Seid 1636 war Korea der Mandschu-Dynastie in China Tributpflichtig. Seitdem schloss sich das Land gegenüber der Außenwelt ab und es gab nur geringe Kontakte zu Japan und zum Hof der Mandschu-Kaiser in Peking. 1876 erzwang Japan die Öffnung Koreas für seinen Handel (durch die Entsendung von 6 Kriegsschiffen) und durch seine Siege über die Konkurrenten China und Russland (1894-95 bzw. 1904-1905) konnte Japan seine Macht über Korea festigen. Ab 1905 war Korea ein offizielle Protektorat Japans und 1910 wurde es von Japan annektiert (Dege 1992, S. 30-31).

## 2. Öffnung und erste Industrialisierung Koreas (Von der japanischen Kolonialherrschaft bis zum Koreakrieg 1905-1950)

In der japanischen Kolonialzeit (1905-1945) wurde Korea von Japan aus verwaltet. Korea wurde systematisch nach modernen Gesichtspunkten erschlossen und mit einer modernen Infrastruktur versehen. Dabei war die Wirtschaft ganz auf Japan ausgerichtet. Korea war Rohstoff und Nahrungsmittellieferant für Japan und Absatzmarkt für japanische Fertigwaren.

Außerdem diente es als militärisches Aufmarschgebiet für die japanischen Großmachtspläne. Nichtsdestotrotz wurde Korea von Japan aus dem Mittelalter in die Neuzeit geführt (Dege 1992, S. 31).

Zur Teilung des Landes kam es infolge der japanischen Niederlage im II. Weltkrieg. Auf der Kairoer Konferenz der Alliierten 1943 wurde zwar erklärt, das Korea frei und unabhängig sein soll, aber es war eine gewisse Zeit der Treuhandschaft vorgesehen. Nachdem allerdings im August 1945 sowjetische Truppen nach Korea eindrangen, kam es am 2. September 1945 zu einer militärischen Order General McArthurs (Oberbefehlshaber der Amerikaner im Pazifikkrieg), der die Teilung Koreas in zwei Besatzungszonen entlang des 38. Breitengrades vorsah. Nördlich davon sollten die sowjetischen Truppen und südlich davon die amerikanischen Truppen die japanische Armee entwaffnen.
Mit der Kapitulation Japans am 2.9.1945 war Korea damit geteilt und geriet in den Spannungsbogen der neu entstandenen Weltmächte USA und UdSSR.

1947 begannen beide Mächte, eigene Regierungen aufzubauen. Die von den Amerikanern unterstützten und von den Vereinten Nationen beobachteten Wahlen von 1948 führten im August 1948 zur Gründung der Republik Korea im Süden der Halbinsel. Der Norden folgte im September 1948 und errichtete die Demokratische Volksrepublik Korea. Am 25. Juni 1950 überschritten nordkoreanische Truppen den 38. Breitengrad und griffen den Süden an. Damit begann der Koreakrieg (1950-1953) (Chung, 1974, S. 29-78).

## 3. Ausgangslage in der fünfziger Jahren

Schon durch die Teilung war die Volkswirtschaft im Süden stark in Mitleidenschaft gezogen. Die Industrie im Süden war praktisch produktionsunfähig, da es an Rohstoffen, Düngemitteln und Elektrizität aus dem Norden mangelte (siehe Tabe. 1).

Tabelle 1: Verteilung der landwirtschaftlichen und Industrieproduktion in Süd- und Nordkorea ( in %)

|  | Nordkorea | Südkorea |
|---|---|---|
| Nahrungsmittel | 35 | 65 |
| Kohle | 80 | 20 |
| Eisen und Stahl | 95 | 5 |
| Hydraulische Energie | 90 | 10 |
| Chemikalien | 85 | 15 |
| Maschinen | 35 | 65 |
| Konsumgüter | 20 | 80 |

QUELLE: E.W. PAULEY, REPORT ON JAPANESE ASSETS IN SOVIET-OCCUPIED KOREA, WASHINGTON , 1946. AUS: CHUNG, 1974, S. 79, EIGENE DARSTELLUNG

Dazu wurde durch den Krieg die ohnehin bescheidene Industrie des Südens fast völlig zerstört. 85 % der metallerzeugenden Industrie, 80 % der Maschinenbauindustrie und jeweils 65% der chemischen Industrie und der Textilindustrie waren im Süden zerstört. Nach dem Waffenstillstand war Südkorea damit auf ausländische (insbesondere amerikanische) Hilfe angewiesen. Südkorea erhielt insgesamt 4,4 Mrd. US-$ im Zeitraum von 1945-1970. (Zum Vergleich: Mittel aus dem Marshallplan für Westdeutschland: 1,4 Mrd. US-$, 18 US-$ pro-Kopf, Südkora 204 US-$ pro Kopf.) (Dege 1992, S. 42-47 und Internetquelle 1).

Trotz dieser enormen Hilfe kam es zu keiner sich selbst tragenden Entwicklung, da das Geld hauptsächlich für Nahrungsmittel- und Fertigwarenimporte eingesetzt wurde. Nachdem ab 1957 die Auslandshilfe allmählich reduziert wurde, kam es zu einer wirtschaftliche Stagnation.

1960 ereignete sich dann ein Militärputsch, der zu einer Militärregierung führte. Unter dieser Regierung kam es zu einer systematischen und von der Regierung planerisch begleiteten Industrialisierung des Landes.

## 4.  Die 6 Phasen der Industrialisierung

( Der folgende Abschnitt stützt sich auf Dege 1992, S.47-62, Dege 1986, S.522-530 und Wessel 1991, S.7-21)

Die Industrialisierung Südkoreas erfolgte in 6 Schritten, wobei sich Importsubstitution und Exportorientierung abwechselten. Dabei kam es mit jedem Schritt zu einer Beschleunigung der Abfolge (Abb. 2). Gestützt wurde diese Entwicklung einmal von dem komparativen Vorteil der günstigen und zahlreichen Arbeitskräfte und ihrem relativ hohen Bildungsniveau. Dazu kam die konfuzianische Kulturtradition, wobei die traditionell auf die Familie gerichtete Loyalität auf die Unternehmen gewendet wurde. Nicht vergessen sollte man hier die Regierung, die, allerdings auf diktatorischem Wege, stabile Verhältnisse schaffte und das Privat-Eigentum sicherte.

Abb. 2 Südkoreas Industrialisierungsschritte vom Agrarland zum weltmarktintegriertem Hochindustrieland (Eigene Darstellung nach Dege 1992, S. 49)

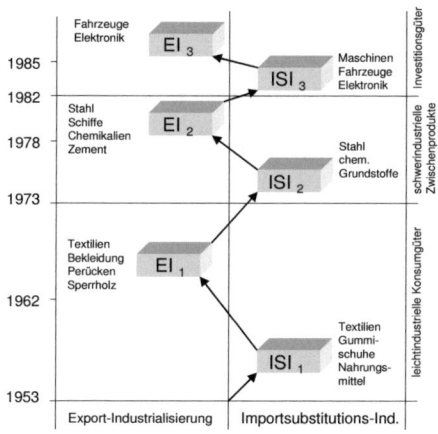

4.1 Importsubstitutions-Industrialisierung der leichtindustriellen Phase, ab 1953 (ISI₁)

Nach Ende des II. Weltkrieges kam es zu einer Importsubstitutions-Industrialisierung im Bereich der einfachen Konsumgüter (Textilien, Gummischuhe, Nahrungsmittel). Über 60% der Arbeitskräfte waren noch in der Landwirtschaft beschäftigt, die Importe bestanden aus Rohstoffen, Nahrungsmitteln und industriellen Vorprodukten zur Konsumgüterherstellung (z.B. Kunstfaser für Kleidung, Gummi zur Schuhherstellung). Die Exporte bestanden hauptsächlich aus mineralischen Rohstoffen und Nahrungsmitteln (siehe Abb. 3).

Abb.3 Exporte nach Wahrengruppen (QUELLE: DEGE 1992, S.53)

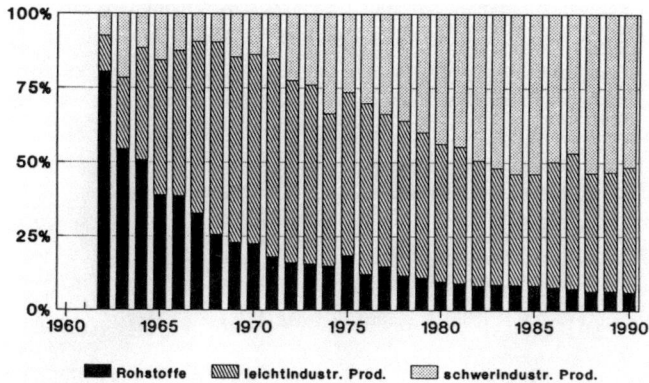

## 4.2 Exportindustrialisierung der leichtindustriellen Phase, ab 1962 ($EI_1$)

Nachdem sich bereits Ende der 50er Jahre zeigte, dass der Binnenmarkt für die Leichtindustrie zu klein war, wurde ab 1962 der Export dieser Waren zu Motor der Wirtschaftsentwicklung. Vor allem bei kapitalextensiven und arbeitsintensiven Produkten war Südkorea auf dem Weltmarkt konkurrenzfähig. Typische Produkte waren Textilien, Bekleidung, Perücken und Sperrholz. Südkorea war ein typisches Niedriglohnland und spielte diesen Vorteil auch aus. Allerdings mussten in dieser Phase alle Vorprodukte (Kunstfasern, Erdölderivate, chemische Basis und Zwischenprodukte (Ethylen => Polyethylen, PE; Styrol => Polystyrol, Styropor; Vinylchlorid => Polyvinylchlorid, PVC), Stahl u.ä.) importiert werden.

## 4.3 Importsubstitution von schwerindustriellen Zwischenprodukten ab 1973 ($ISI_2$)

Um diese Importbelastung zu verringern und um auch diese Wertschöpfungsschritte im Land zu integrieren, kam es nun zu einer Rückwärtskoppelung im Aufbau der Industrie. Vom Endprodukt her wurden alle Verarbeitungsschritte aufgebaut, so dass zum Schluss nur die nicht im Land vorhandenen Rohstoffe importiert werden mussten.
Es kam zum Aufbau einer Schwerindustrie: Stahlwerke, Zementwerke, Raffinerien und chemische Industrien wurden gebaut. Importiert wurden nun hauptsächlich Rohstoffe.
Finanziert wurde dieser Aufbau teilweise durch eigenes Kapital, dass in den vorangegangenen Phasen akkumuliert wurde (hohe inländische Sparrate), vor allem aber durch Auslandsverschuldung, die in dieser Zeit rapide anstieg (Bedingt auch durch die beiden Ölpreisschocks 1973 und 1980.) (siehe Abb. 4, Anhang).

## 4.4 Exportindustrialisierung schwerindustrieller Zwischenprodukte Ende 70er Jahre ($EI_2$)

Wie schon bei der Leichtindustrie zeigten sich auch bei der Schwerindustrie schnell die Grenzen des kleinen Binnenmarktes Südkoreas. Zusammen mit Exportproblemen in der Leichtindustrie (Importbarrieren der Abnehmerländer), kam es zu einer Überkapazität der Schwerindustrie die auch hier durch Exporte ausgeglichen wurde. Diese Exporte bestanden aus Schiffen, Stahl, Stahlprodukte, Zement und Chemikalien. Durch die weltweite Rezession Ende der 70er Jahre war sowohl der Absatz der Schwer-, als auch der Leichtindustrie stark rückläufig. Dazu hatte das Land durch gestiegene Arbeitslöhne seinen komparativen Vorteil der Niedriglöhne verloren, was nun während der Welt-Rezession sichtbar wurde. So kam es erstmalig auch in Südkorea zu einer Rezession. Diese und die einsetzenden politischen Unruhen bewirkten einen Regierungswechsel.

## 4.5 Importsubstitution von Investitionsgüter ab 1982 ($ISI_3$)

Die neue Regierung leitete nun eine Konsolidierungsphase der Wirtschaft ein und setzte auf den Aufbau einer Investitionsgüterindustrie. Dabei stand weniger der klassische Maschinenbau, sondern Elektrogeräte, Elektronik und PKW im Vordergrund. Für diese

Produkte gab es im Binnenland eine große Nachfrage, da mittlerweile auch die Einkommen stark angestiegen waren.

4.6 Exportindustrialisierung im Bereich Investitionsgüter (EI₃)

Mit dem Aufschwung der Weltwirtschaft konnte auch hier die ursprünglich zur Importsubstitution aufgebaute Industrie direkt in den Export übergehen. Exportprodukte Südkoreas sind nun PKW, Schiffe und Produkte der elektronischen Industrie (siehe auch Abb. 3, 5 und 6).

Abb.5 Entwicklung des BSP (Quelle: Dege 1992, S.52)

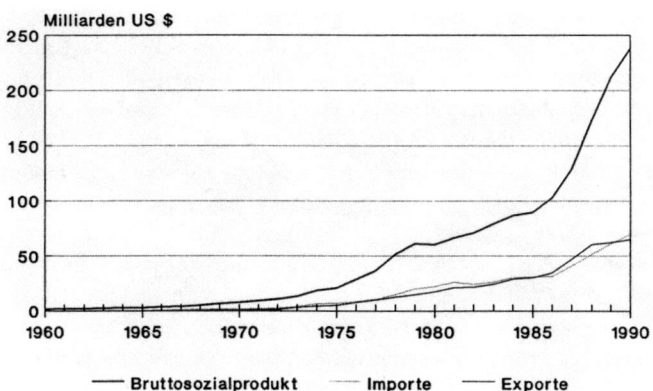

Tab. 4 Neuere Wirtschaftskennziffern I

|  | 1997 | 1998 | 1999 |
|---|---|---|---|
| BIP (Mrd. Dollar) | 476,5 | 317,1 | 406,9 |
| Pro-Kopf-Einkommen (nominal in Dollar) | 10.361 | 6.829 | 8.677 |
| Reales BIP Wachstum | 5,5 % | - 6,7 % | 10,7 % |

Quelle: FAZ, 23.10.2000, Eigene Darstellung

Tab. 5 Neuere Wirtschaftskennziffern II

| Produktionsstruktur (Anteil am BIP in %, 1997) | |
| --- | --- |
| - Landwirtschaft | 5,7 % |
| - Industrie | 51,5 % |
| - Dienstleistungen | 42,8 % |

QUELLE: FAZ, 23.10.2000, EIGENE DARSTELLUNG

## 4.7 Versuch einer Bewertung dieses asiatischen "Wirtschaftswunders"

Bei der Frage, wie diese erstaunliche Leistung der Industrialisierung Südkoreas erfolgen konnte, ist eine Antwort: über die internationale Verschuldung. Ihr gegenüber stand jedoch auch eine hohe inländische Sparquote und das entsprechende Wirtschaftwachstum, so dass es auch zu eine Abtragung der Schulden kam (Abb. 7, Anhang).

Zum Wirtschaftserfolg Südkoreas beigetragen haben die konfuzianische Kulturtradition, die rigide Militärregierung und die starke Betonung des Exportes in allen Phasen der Wirtschaftsentwicklung.

Negativ ist hier zu sehen, dass dies einherging mit einer fehlenden Demokratie (erste freie Wahlen 1988), dem Verbot von Gewerkschaften und einer absoluten Niedriglohnpolitik (abgefedert durch stattliche garantierte Lebensmittelpreise). Dazu kam es am Anfang der Industrialisierung zu großen Einkommensdisparitäten zwischen städtischer und ländlicher Bevölkerung, die zu einer unkontrollierten Landflucht führten.

Ein weiteres Problem, dessen negative Seiten erst in letzter Zeit zum Tragen kommen, sind die Großkonzerne. Für die schnelle Entwicklung waren diese Großkonzerne (Chaebols) sehr vorteilhaft, da hier eine Konzentration der staatlichen Unterstützung stattfinden konnte, es zu einer Kapitalakkumulation bei den Unternehmen für weiter Investitionen kam, der Wirtschaftlichkeitsvorteil ("economies of scale" => Massenproduktion) ausgenutzt werden konnte und vor allem auch eine Anhäufung von Wissen (Humankapital) stattfand.

Heute gibt es 16 Chaebols in Südkorea, wobei auf die großen vier Samsung, Hyundai, Lucky Goldstar, Daewoo (manchmal auch fünf, Sangyong) ein relativ großer Teil der Exporte sowie 30 % des Bruttosozialproduktes entfällt. (Statistische Bundesamt 1995 S. 139-141 und DIE ZEIT, 12.08.1999).

Nach der Asienkrise (1997) ist die problematische Situation dieser Mischkonzerne deutlich geworden. Die Konzerne sind alle hochverschuldet (bei fast allen Unternehmen doppelt so hoch wie die Vermögenswerte) und teilweise insolvent (so z.B. Daewoo, Kia). Eine Bedingung des Internationalen Währungsfonds für die Hilfe während der Asienkrise war deswegen auch die Zerschlagung dieser Großkonzerne und die Schaffung von mehr Wettbewerb durch die Öffnung des Marktes für ausländische Unternehmen (FAZ, 23.11.2000). Dem stehen jedoch häufig die gut organisierten Gewerkschaften entgegen, die

Massenentlassungen auf jeden Fall verhindern möchten und so kommt es oft zu gewaltsamen Protesten der Arbeiter (DIE ZEIT, 08.03.2001).

## 5.  Regionale Verteilung der Industrie

Während der Industrialisierung Koreas kam es zur Bildung ganz unterschiedlicher Industrieschwerpunkte im Land. Diese Industrieregionen entstanden zu unterschiedlichen Zeitpunkten während der Entwicklung und sind in ihrer Lage durch die jeweiligen Bedürfnisse der Industrie gekennzeichnet. Dabei sind die vorher genannten 6 Phasen zu drei zusammenzufassen. Die

- arbeitsintensive leichtindustrielle Phase 1963-1970
- die kapitalintensive schwerindustrielle Phase 1970-1980
- die Investitionsgüterproduktion 1980-1986

In der ersten Phase war die Industrie noch ganz auf den Binnenmarkt ausgerichtet und damit auf die drei großen Bevölkerungszentren Seoul, Pusan und Taegu. Diese Standorte wurden auch bei dem weiteren Ausbau der Leichtindustrie für den Export beibehalten.

Mit dem Wachstum der Städte und dem zunehmenden Flächenanspruch der Industrie kam es schon in der zweiten Phase zu einer Verlagerung in speziell ausgewiesene Industriezonen.

So entwickelte sich ein Industriedreieck mit Seoul als einem Eckpunkt im Nordwesten des Landes.

Ein weiterer Eckpunkt ist die Hafenstadt Inchon, mit importorientierte Schwer- und exportorientierter Leichtindustrie, sowie die Stadt Pyongtaek. Die Seiten des Dreiecks bilden Industriegassen längs bedeutender Straßen und Eisenbahnlinien, an denen sich Leichtindustrie angesiedelt hat. An der Seeseite wird es ergänzt durch importorientierte Schwerindustrie.

Dieses Dreieck wird auch als Industrieregion Kyongin bezeichnet.

In der schwerindustriellen Phase sind jedoch andere Standortkriterien anzulegen, so dass sich neben der Industrieregion Kyongin an der Südostküste ein weiterer Industriegürtel entwickelte.

Wichtig waren hier Hafenstandorte nahe der internationalen Schifffahrtsrouten, da hier Rohstoffe zu industriellen Zwischen- und Fertigprodukten verarbeitet wurden, die importiert bzw. exportiert werden. So entstand der Industriegürtel im Südosten. Er beginnt im Norden mit dem Stahlwerk von Pohang und setzt sich über Ulsan (Hyundai-Werft, Automobilwerk, Großraffinerie), Onsan (Raffinerie, Buntmetallverhüttung) nach Pusan (als zweitgrößte Stadt an allen Industrialisierungsphasen beteiligt, daher eine sehr gemischte Wirtschaftsstruktur) fort. Dazu gehört noch Okp'o auf der Insel Koje-do (Großwerft des Daewoo-Konzern), die auf der Festlandseite durch die Maschinenbauzentren in Masan und Ch'angwon ergänzt wird. Den westliche Abschluss bildet die Industrieregion der Kwanggyang-Bucht (siehe Abb. 7-9 im Anhang und Karte S.1).

Dazu haben sich weitere Industriezentren im Inneren des Landes um Rohstoffvorkommen für die Zementindustrie gebildet.

In der neueren Entwicklung der technologieintensiven elektronischen Industrie hat sich wieder die Hauptstadt Seoul als bevorzugter Standort herausgebildet. Dies liegt daran, dass diese Industrie relativ standortunabhängig ist und hauptsächlich auf gute Verkehrsverbindungen und auf die Nähe von Forschungsinstitutionen angewiesen ist. Die Standortwahl dieser Unternehmen wird eher durch sogenannte weiche Standortfaktoren wie Lebensqualität, Ruf der Region und Bildungsstätten für die Mitarbeiter bestimmt. Dabei ist die Anziehungskraft Seouls trotz der Versuche der Regierung diese Industrien nach Taejon auszusiedeln nicht zu brechen. (Dege, 1986 S.522-530 ,Wessel, 1991, S.21-42 und Wessel, 1997)

In neuerer Zeit ist auch wieder die Ostküste ein bevorzugter Standort, insbesondere was die Hinwendung zu China und dem entstehenden Wirtschaftraum um das Gelbe Meer betrifft. Inwieweit sich hier ein neues Industrielles Zentrum Südkoreas bildet lässt sich nicht sagen, da hier insbesondere die unklare Entwicklung in China eine große Rolle spielen wird.

## 6. Schlussbetrachtung

Das "asiatische Wirtschaftswunderland" Korea hat sicherlich das geschafft, wovon viele Entwicklungsländer auch heute noch träumen. Der Sprung von einem Entwicklungsland zu einem Industrieland in nur einer Generation. Allerdings geschah dies auch auf Kosten dieser Generation, deren Arbeitskraft und finanzielle Leistungsfähigkeit völlig ausgebeutet wurde und in deren Leben alles andere hinter dem wirtschaftlichen Aufbau zurückstecken musste. Bei einer Bewertung sollte man allerdings vorsichtig sein, da auch in den alten Industrieländern die Phase der Industrialisierung, was die fehlende Demokratie und Arbeiterrechte betrifft, ähnlich verlief und sich sogar über einen größeren Zeitraum erstreckte. Insgesamt hat Südkorea einen bemerkenswerten Weg gefunden und erfolgreich begangen um zu den Industrieländern der Welt zu gehören.

## 7. Literaturverzeichnis

Chung, Kyung-sup (1974): Aspekte der Wiedervereinigung Koreas. Innen- und außenpolitische Probleme bis zum Jahr 1974. Münster

Dege, E. (1986): Die Industrialisierung Südkoreas. Ein Beispiel nachholender Entwicklung. In: Geographische Rundschau 38, H.10, S.522-530

Dege, E. (1992): Korea. Eine landeskundliche Einführung. Kiel

Engelhard, K. (1996): Südkoreas Aufstieg vom Entwicklungs- zum Industrieland In: Geographische Rundschau, Heft Nr. 12, Seite 696-701

Pews, H.-U. (1991): Zur industriellen Entwicklung der Republik Korea. In: Zeitschrift für den Erdkundeunterricht, 43/1991. S. 51-157.

Statistische Bundesamt (1995): Länderbericht Korea, Republik 1995. Stuttgart

Wessel, K. (1991): Raumstrukturelle Veränderungen im Entwicklungsprozess Südkoreas : eine Analyse zur Regionalentwicklung und Dezentralisierungspolitik. Hannoversche geographische Arbeiten H. 46, 1991. Hannover

Wessel, K. (1997):Südkorea: Technologiepolitik und Hig-Tech-Industrie im Spannungsfeld von Wirtschaftswachstum und ausgleichsorientierter Regionalentwicklung. In: Köllner, P. (Hrsg.), 1997: Korea 1997. Politik, Wirtschaft, Gesellschaft. Hamburg

**Zeitungen:**

„Die Wirtschaft in Südkorea ist wieder auf Erholungskurs". Frankfurter Allgemeine Zeitung Nr. 246, 23. Oktober 2000

„Universum günstig abzugeben". DIE ZEIT, Nr. 35 vom 26.08.1999

„Elastisch wie Bambus". DIE ZEIT Nr. 11 vom 08.03.2001

„Die Krise als Medizin". DIE ZEIT Nr. 33 vom 12.08.1999

„SÜDKOREA: Wie die Bulldozer". Der Spiegel Nr. 32 vom 09.08.1999

„Das Reformtempo in Asien lässt zu wünschen übrig". Handelsblatt Nr. 123 vom 29.06.01

**Internetseiten:**

1. http://home.t-online.de/home/ker-berlin/marshal2.htm (Stand: 01.07.01)

2. http://www.fsk.ethz.ch/publ/zuercher/zu_44/zu44_06.htm (Stand: 01.07.01

3. http://www.fas.org/man/dod-101/ops/docs/Korean_Terrain02.jpg (Stand 06.07.01)

4. http://www.odci.gov/cia/publications/factbook/index.html (CIA-WorldFactbook, Stand 01.06.01)

**Atlaten:**

Knaurs Neuer Weltaltas. 1998, München

Bertlsmann Weltatlas 2000 - Das neue Kartenbild der Erde. 2000, Wien

A. Mc.Nally III; A.McNally IV (1980): Internationaler Atlas. Stuttgart, Budapest, Stockholm, London, Tokyo

# 8. Anhang

Abb.6 Beschäftigte nach Wirtschaftssektoren (QUELLE: DEGE 1992, S.53)

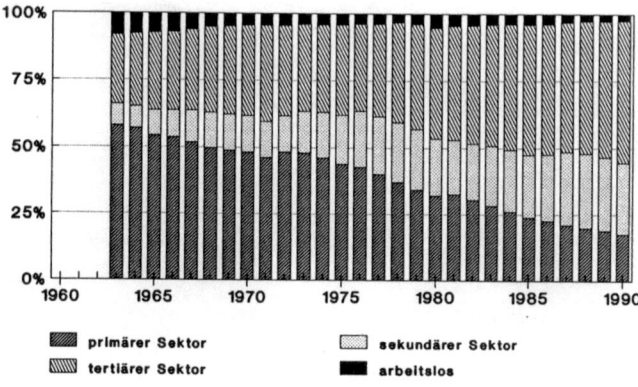

Abb. 4 Investitionen, inländische Sparquote und ausländischer Kapitalzustrom 1955-1987 (QUELLE: WESSEL 1991, S. 9)

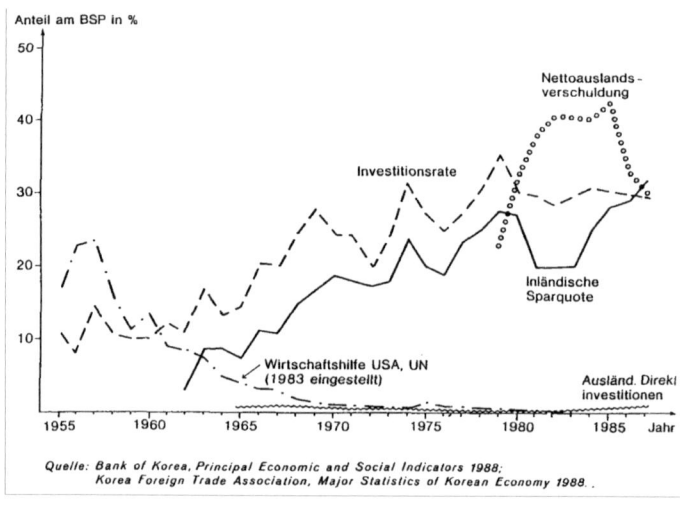

Abb. 7 Typisierung des regionalen Industrialisierungsniveaus auf Provinzebene 1970
(QUELLE: WESSEL 1991, S. 34)

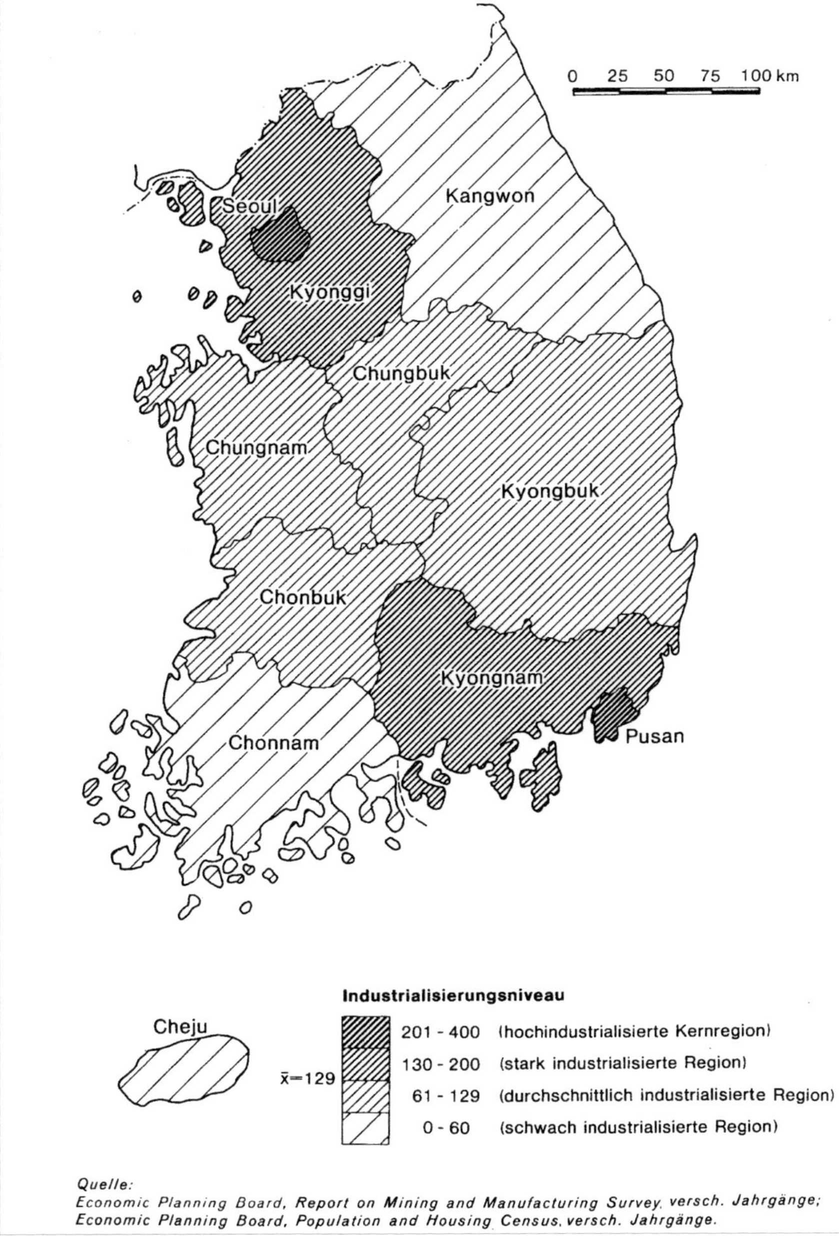

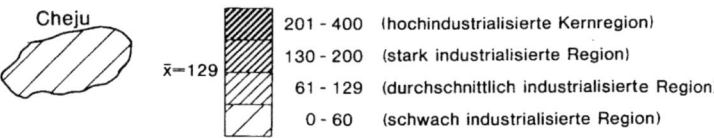

Industrialisierungsniveau

$\bar{x}=129$

| | | |
|---|---|---|
| 201 - 400 | (hochindustrialisierte Kernregion) |
| 130 - 200 | (stark industrialisierte Region) |
| 61 - 129 | (durchschnittlich industrialisierte Region) |
| 0 - 60 | (schwach industrialisierte Region) |

Quelle:
Economic Planning Board, Report on Mining and Manufacturing Survey, versch. Jahrgänge;
Economic Planning Board, Population and Housing Census, versch. Jahrgänge.

13

Abb. 8 Typisierung des regionalen Industrialisierungsniveaus auf Provinzebene 1980
(QUELLE: WESSEL 1991, S. 35)

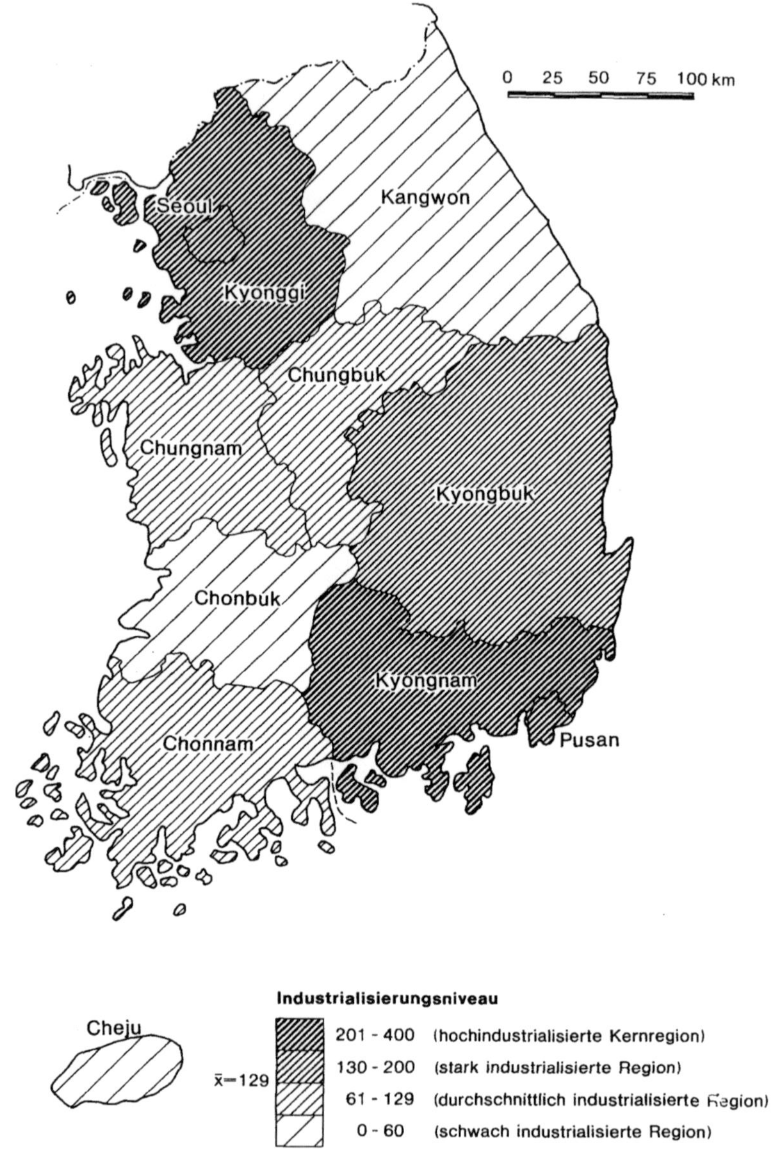

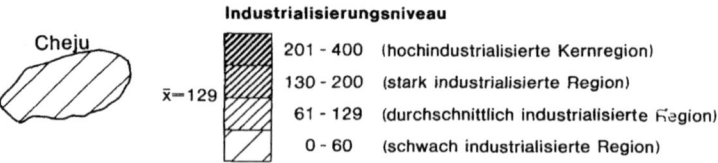

0   25   50   75   100 km

Kangwon

Seoul

Kyonggi

Chungbuk

Chungnam

Kyongbuk

Chonbuk

Kyongnam

Chonnam

Pusan

**Industrialisierungsniveau**

Cheju

x̄=129

| | | |
|---|---|---|
| 201 - 400 | (hochindustrialisierte Kernregion) |
| 130 - 200 | (stark industrialisierte Region) |
| 61 - 129 | (durchschnittlich industrialisierte Region) |
| 0 - 60 | (schwach industrialisierte Region) |

*Quelle:*
*Economic Planning Board, Report on Mining and Manufacturing Survey, versch. Jahrgänge,*
*Economic Planning Board, Population and Housing Census, versch. Jahrgänge.*

Abb. 9 Typisierung des regionalen Industrialisierungsniveaus auf Provinzebene 1986
(QUELLE: WESSEL 1991, S. 36)

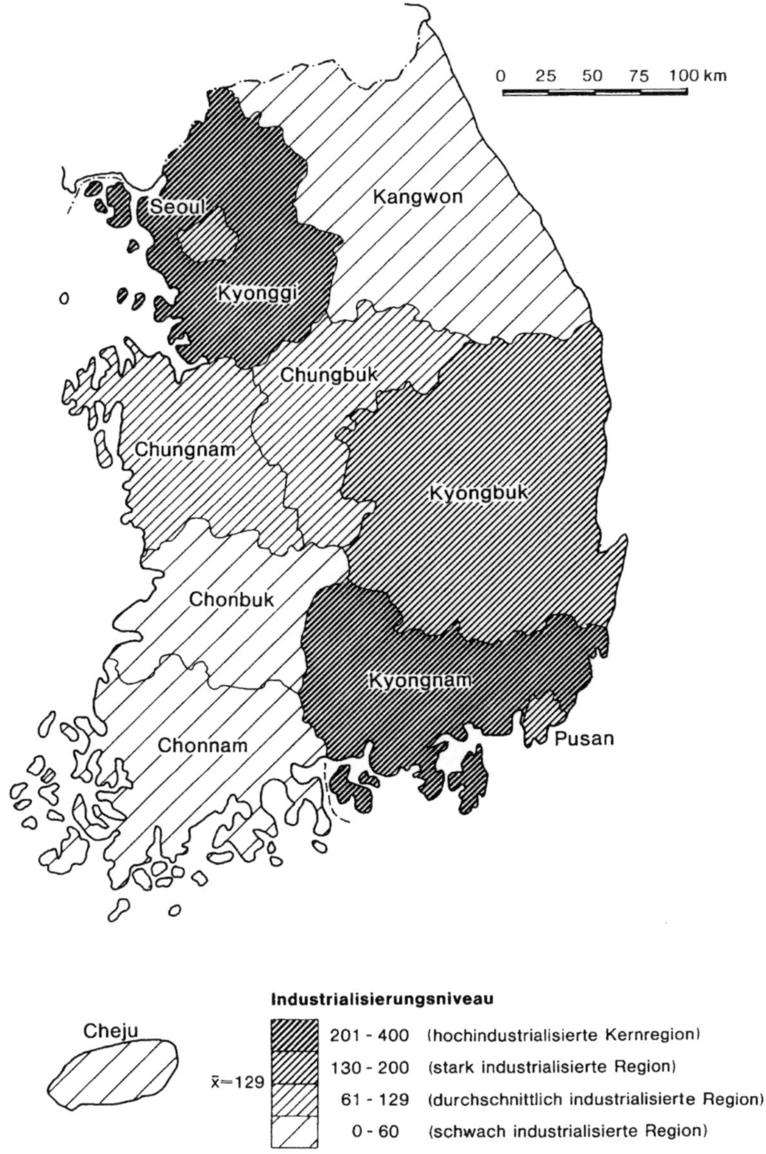

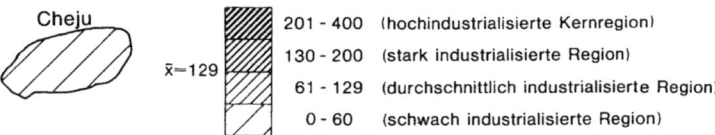

0   25   50   75   100 km

Kangwon

Seoul

Kyonggi

o

Chungbuk

Chungnam

Kyongbuk

Chonbuk

Kyongnam

Chonnam

Pusan

**Industrialisierungsniveau**

Cheju

x̄=129

201 - 400   (hochindustrialisierte Kernregion)

130 - 200   (stark industrialisierte Region)

61 - 129   (durchschnittlich industrialisierte Region)

0 - 60   (schwach industrialisierte Region)

*Quelle:*
*Economic Planning Board, Report on Mining and Manufacturing Survey, versch. Jahrgänge:*
*Statistical Yearbooks of the 11 Provinces 1988.*

15

Abb. 10 Regionale Verteilung der technologieintensiven Industrie 1990-1994
(QUELLE: WESSEL 1997, S. 163)

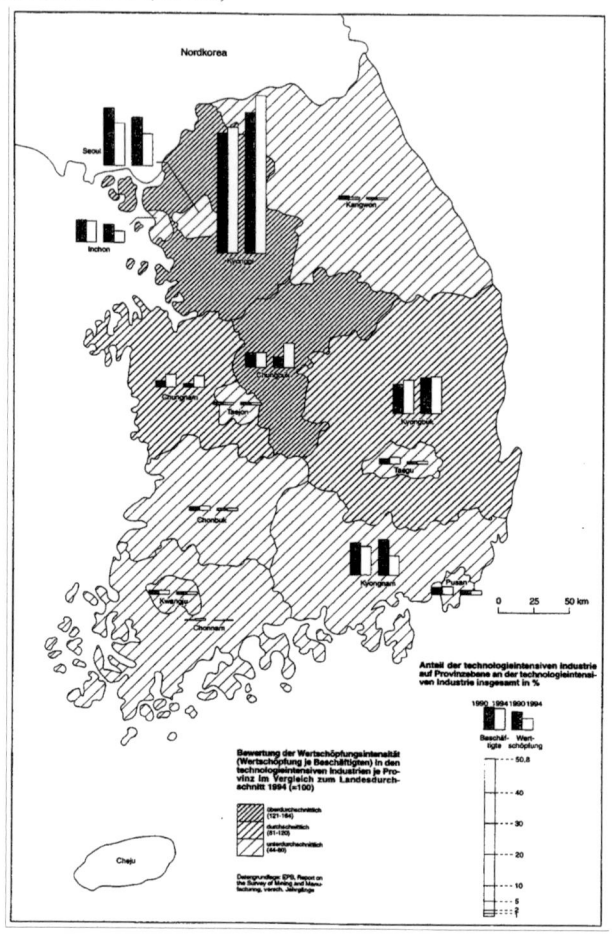